LE ROI DE LA NATURE

AU CENTRE DES

MERVEILLES

OU

LE ROMAN DES GRANDEURS

FEUILLETON DE

L'EMPIRE

Journal encyclopédique des connaissances utiles

Abonnement : 10 fr. l'an

PAR DERBEZ

LYON

Au bureau du journal l'EMPIRE

et au Comptoir du Commerce français et étranger

Rue de Marseille, 3

1863

(C.)

Imp. et Lith. Porte et Boisson, cours de Brosses, 9.

LE ROI

DE

LA NATURE

CHAPITRE PREMIER

Chef-d'œuvre magnifique de la main toute-puissante des dieux immortels, astre sublime et toujours nouveau pour mes yeux enchantés ; du sommet de ce mont audacieux qui élève jusqu'aux nues sa tête altière, et que frappe l'éclat de tes rayons étincelants, Soleil, à l'aspect de tes premiers feux, je te salue avec ravissement, et te consacre ce faible hommage.

Divin Apollon, tu te souviens du jour où je t'immolai, sous ce hêtre, une génisse blanche pour la lyre d'or, cette lyre harmonieuse et brillante dont ta main me fit présent. Dieu des vers, je promis alors de composer un hymne à ta gloire. J'en pris l'Olympe et les ondes du Styx à témoin. Je plantai deux lauriers près de ce rocher escarpé qu'une cascade éternelle arrose d'une pluie argentée. Je suspendis mon hautbois aux branches de ce chêne antique, attestant les cieux que je n'en tirérais aucun son jusqu'au jour fortuné où je viendrai à ton temple t'offrir solennellement le tribut de mes chants.

Depuis ce temps, douze hivers se sont écoulés, douze fois les arbres se sont couronnés de verdure et de fruits, sans que ce vœu si saint ait été accompli. Dieu de Délos, et vous qui m'avez comblé de vos immortelles faveurs, déesses de l'Hélicon, me pardonnerez-vous l'oubli de mon serment.

J'ai célébré seulement les fêtes bruyantes et insensées des corybantes, instituteurs de Jupiter. J'ai représenté l'ivresse pétulante et les fureurs des prêtresses du vainqueur de l'Inde, les bacchantes effrénées, la tête échevelée, l'œil ardent, égaré, la bouche écumante et toute en feu, le tyrse en main, frappant du pied la terre, se heurtant avec violence, courant çа et là dans les bois, sur les rochers et les montagnes dont les concavités retentissent de leurs cris sauvages, et animant leurs orgies turbulantes par les sons des cymbales, et par les hurlements affreux.

Orphée, ô douleur toujours renaissante ! le fils du grand Apollon, qui, par les accords ravissants de sa lyre, pénétra jusqu'au Ténare; qui suspendait, par la magie de ses sons, le rapide cours des fleuves : qui attendrissait les lions et les chênes du Rhodope ; Orphée que la perte d'Eurydice rend insensible, devient la victime de la haine jalouse de ces cruelles bacchantes.

Irritées de sa tristesse profonde et semblables à des tigresses en furie qui roulent, en grondant, leur prunelle embrasée, elles s'élancent en foule sur lui, déchirant ses membres palpitants, et jetant sa tête sanglante dans l'Hebre épouvanté. Elle flotte, hélas! au gré des vagues émues : mais sa langue, que le froid de la mort commence à glacer, gémit encore le long du fleuve; et jusqu'au dernier soupir on entendit sa voix mourante redire: Eurydice! ah, ma chère Eurydice! et les échos plaintifs répéter, Eurydice!

J'ai aussi chanté sur la flûte de Pan, les délices de l'âge d'or, l'aimable saison des fleurs et les charmes du printemps; le bonheur inaltérable des paisibles hameaux; la vie tranquille et innocente des simples bergers assis sur les rives du Pénée, ou cueillant l'humble violette sur les bords heureux d'Aréthuse. J'ai peint encore les dieux de la mer, Triton sonnant de sa trompe recourbée sur la plaine liquide, et jouant avec les Néréides au sein orageux d'Amphitrite.

D'autres fois j'ai crayonné, d'un pinceau rustique, le vieux compagnon de Bacchus, Silène couronné d'une guirlande de pampre vert, entrelacée de chèvres-feuille, de rose et de myrthe fleuri, entouré d'un essaim folâtre de faunes et de satires amoureux des bois solitaires, et de la fraîcheur des grottes humides et des bocages : tantôt couché sur un lit de mousse et de feuillage verdoyant, au fond d'un bosquet touffu, buvant, dans des coupes ornées de lierre, un vin pétillant et délicieux, le savourant avec volupté, et pressant avidement ses lèvres pour recueillir la sève et le parfum de cette liqueur ennivrante; tantôt bégayant avec peine quelques chansons amoureuses, et dansant d'un pas pesant et mal assuré, au son du fifre et du tambour, au bord des fontaines sacrées de l'Arcadie, à l'ombre de ses antiques forêts.

Impatient de former des sons plus hardis et plus dignes du dieu puissant qui embrasait mon âme, j'ai monté ma lyre sur un ton plus mâle, et j'ai chanté avec gloire celui qui, du seul mouvement de ses noirs sourcils, ébranle l'Olympe et les enfers, le grand Jupiter lançant, d'une main enflammée, son tonnerre sur les Titans, ces fils impies de la terre, et les écrasant sous la chûte de ces monts qu'ils avaient follement entassés pour assiéger jusque sur son trône le père des dieux et des hommes.

J'ai chanté le triomphe des Lapithes vainqueurs des Centaures ; le trépas des noirs Cyclopes, foudroyés par Apollon dans les cavernes de l'Etna ; la valeur héroïque des fiers enfants de Mars ; les horreurs des combats, et les longues désolations dont les justes Dieux punissent toujours le crime de la guerre.

Je ne t'ai point oublié, vaillant Ajax, ni toi infatigable Hercule, qui purgeas l'univers des brigands et des monstres qui le souillaient. Je t'ai peint étouffant dans tes bras nerveux le géant Anthée ; ici, brisant la chaîne du fils audacieux de Japet, attaché, par Mercure, aux rochers du Caucase, et l'arrachant des serres sanglantes du cruel vautour qui lui dévorait les entrailles ; là, d'un seul coup de massue énorme, assommant l'effroyable dragon qui gardait les pommes d'or du jardin des Hespérides ; aussi grand enfin, aussi intrépide sur le mont OEtna, au milieu des flammes, que, lorsque victorieux des sept têtes horribles de l'hydre de Lerne, tu teignais tes flèches de ce sang envenimé. Superbe ennemi de Troye, toi qui répandis des larmes si amères sur le tombeau de Patrocle, j'ai chanté tes nobles exploits et tes fougueux emportements ; je t'ai peint pressant de l'aiguillon tes coursiers couverts de sang et d'écume, et traînant rapidement autour d'Illion, à travers d'épais tourbillons de poussière le corps déchiré du malheureux Hector.

Enfin j'ai décrit le sombre empire des morts, ces régions ténébreuses et désolées, où, semblables à ces feuilles qui, au déclin de l'automne, se détachent en foule des arbres dépouillés, et voltigent en l'air, les pâles ombres, les mânes plaintifs ne cessent d'errer et de gémir, sans espoir de repasser l'avare Achéron.

O jour ! ô lumières ravissantes ! ces ombres infortunées ne te reverront jamais. Spectacle enchanteur des cieux, beautés renaissantes de la nature, qui parez le printemps, jamais elles ne vous contempleront. Hélas ! tout est fini : les cieux n'éxistent plus, et l'univers entier est anéanti pour elles. En vain elles implorent la clémence des dieux ; les dieux, maintenant insensibles, ferment l'oreille à leurs cris lamentables. Elles cherchent en vain à franchir les enfers ; partout elles trouvent le Styx qui leur oppose neuf fois sesondes vengeresses, qu'il roule en cercle autour d'elle ; partout l'impitoyable Cerbère leur présente ses trois gueules aboyantes, d'où partent sans cesse des torrents de feu et de fumée. L'inexorable destin les enchaîne dans l'éternelle nuit avec Tantale et les misérables Danaïdes, les replongent au f nd du Tartare, où le Phlegeton redouble à tout moment leur désespsir et leur épouvante, par leurs mugissements profonds de ses effroyables ondes.

Maintenant les cent voix de la renommée font entendre, d'un pôle à l'autre, les sons mélodieux de ma lyre, le cours précipité des siècles ne fera qu'accroître la célébrité de mon nom. Je ne mourrai donc pas tout entier ; plus durable que les empires et les magnifiques palais des rois, mes chants sublimes vivront éternellement : l'univers charmé les répète, et en admire l'harmonie et la beauté.

O mon esprit ! si jamais tu fus animé d'un saint délire ; si tu te sentis embrasé d'un enthousiasme bouillant, d'une ivresse divine ; si les suprêmes intelligences t'ont jamais révélé leurs secrets merveilleux, parle aujourd'hui leur langage immortel ; suis hardiment la route qu'elles te tracent, sans être effrayé du sort tragique de Phaéton, qui, de la source des éclairs, tomba dans les flots de l'Eridan.

Vole aux régions du tonnerre : entraîné par le noble amour de la gloire, élance-toi vers la voûte étincelante des cieux ! pénetre jusqu'au palais vermeil de l'aurore ; élève-toi, sur les ailes rapides de la brillante poésie, au dessus du génie des faibles mortels, et peins en traits de flamme le dieu de la lumière.

Que les éclats de ma voix dominent aujourd'hui sur les flots de l'Océan frappé du trident de Neptune. O nature! ô terre! écoutez, ne troublez pas mes concerts. Et vous, divinités des bois, faites silence; ou plutôt unissez vos sens enchanteurs aux accords de ma lyre, et secondez l'harmonie de mes chants.

Grand Jupiter, qui règnes sur les nuages, laisse reposer ton bruyant tonnerre: assez il a grondé dans les airs, assez il a effrayé la terre. Ne sillonne pas de tes foudres brûlants l'azur de ce beau ciel: laisse-moi jouir de la sérénité de ce jour charmant. Et toi, dieu des autans et des tempêtes, ne trouble point de ton souffle destructeur ce calme délicieux qui règne dans la nature, respecte la présence du Dieu qui m'inspire: Apollon te défend d'interrompre, par tes mugissements, les élancements sacrés de mon âme.

Soutenez plutôt, dieux puissants! soutenez cette ardeur qui me consume, cette fureur impétueuse qui me ravit hors de moi ; excitez mon audace, redoublez ce délire vainqueur qui m'agite. Mon cœur s'enflamme.. ma vue s'égare... tous mes sens frémissent d'horeur. O dieux ! quelle puissance me secoue violemment, et m'ébranle tout entier ? Un tourbillon de feux et d'éclairs m'enlève dans les cieux. Que tout l'univers m'écoute ! Lance sur moi tes flammes, ô dieu du jour ! c'est toi que je chante.

Ebloui de l'éclat de ses premiers rayons, je ne le contemple qu'avec un regard respectueux, je ne l'admire qu'avec une religieuse frayeur ; cet immense océan de lumière épouvante mon génie et confond déjà mes timides idées.

O Soleil ! comment osé-je m'élever jusqu'à ton front sublime, et fixer les feux resplendissants de ta sphère embrasée ? Je ne vois que toi seul dans l'univers ; tes regards enflammés embrassent toute la nature, et la remplissent de vie et de grandeur. C'est ta puissante chaleur qui a fait sortir la terre du sein du chaos ;

ses extrémités ne fixent point ta course; elle n'est point assez vaste pour tes rayons.

Que je franchisse les mers Atlantiques avec la rapidité de l'oiseau de Jupiter; plus prompt que l'Aquilon, que je me transporte du sommet nébuleux du mont Athos, aux climats lointains où le Tigre irrité roule à grands bruits ses flots écumeux; que je vole des portes de l'occident à celles de l'aurore, des sables brûlants du midi aux rives glacées du septentrion, que je pénètre jusqu'aux dernières limites du monde, tu m'as précédé partout, et tu m'attends et m'éclaire à-la-fois dans toutes les parties de l'univers.

Sublime image des dieux, comme eux tu vois, tu connais tous les peuples et toutes les contrées de la terre: les fertiles campagnes de la riante Hespérie et les plaines heureuses qu'arrosent le Gange et l'Eurotas; Itaque où le sage Uylsse donna des lois; Pylos, où régna le vieux Nestor, toujours avide de raconter les glorieux exploits de sa vie; et la Colchide, si renommée par l'expédition des braves Argonautes, intrépides héros qui, pour conquérir la toison d'or, osèrent les premiers, sur un frêle vaisseau, s'élancer au milieu des vastes abîmes et braver Neptune en courroux.

Tu vois du même regard Athènes et Lacédémone, Corinthe et Mitylène, l'orgueilleuse Tyr et la superbe Babylone, et Thèbes à cent portes, et les cent villes de Crète, et les vallons fleuris de la Théssalie, et les côteaux fortunés d'Amathonte, et les bois de myrthes d'Italie et de Paphos. Tu nous vois tous du haut des airs, ainsi que les souverains arbitres de nos destinées. Que dis-je? astre incomparable, me trompé-je?.. Oh! si j'étais dans l'erreur... si tu étais toi-même le premier, le plus grand des dieux.... parle, et soudain je me prosterne devant toi et je t'adore.

Insensé! qu'ai-je dit? J'entends sa voix retentir dans l'univers, et publier partout qu'il n'est point un dieu... Tu n'es pas un dieu, ô père du jour! Tu es donc le plus superbe ouvrage et le plus grand bienfait des dieux. Jamais ils n'ont créé rien de plus beau, rien de plus digne des louanges des mortels.

Tu le contemples cet astre éclatant, et tu frémis, fier monarque des airs, oiseau superbe, dont le vol hardi est aussi prompt que l'aile des autans et les flèches de Jupiter ; toi qui, dans l'excès de ton orgueil, regardes avec dédain l'homme même, tu le contemples avec étonnement ; et pour considérer de plus près les feux de son orbe étincelant, tu t'élances du fond des vallées sur les plus hauts rochers du mont Pélion.

Je te vois porter, sur tes ailes rapides, tes jeunes aiglons, les agiter avec violence, et les balancer longtemps dans la vague des airs; tu les présentes au Soleil. Est-ce donc pour éprouver s'ils sont dignes de toi ? ou plutôt n'est-ce pas pour leur apprendre que cet astre magnifique est le seul objet qui mérite d'arrêter leurs regards audacieux ?

Tel qu'un fleuve profond et majestueux, dont les eaux coulent toujours avec la même abondance ; ou tel qu'un volcan intarissable qui ne cesse de faire jaillir, de ses gouffres tonnants, des sources de feu, et de vomir des torrents de flammes; abîme infini de lumière, tu la répands, tu la prodigues depuis la naissance des siècles, sans jamais l'épuiser.

Tu ne te consumes par toi-même, et ne vieillis pas comme tout ce qui respire ; tu ne tombes pas insensiblement en poussière comme le corps fragile de l'homme. Mille fois tu as vu la terre se renouveler, ses habitants changer de maître, de lois, de mœurs et de langage ; tu as vu mille fois les nations se diviser et se détruire ; des cités superbes et opulentes sortir du sein des déserts et s'y ensevelir ; des empires se former, s'agrandir, devenir formidables, décroître et s'éteindre, ou renaître pour périr encore ; les rois se combattre, se détrôner les uns les autres ; les peuples, d'abord faibles ruisseaux, bientôt fleuves débordés, impétueux torrents, inonder, ravager la surface de la terre ; tous enfin, peuples et rois, après un peu de bruit, tomber et disparaître dans l'abîme du temps, toujours ouvert pour les engloutir.

Tu n'éclaires donc plus que les restes de ces antiques empires, et les débris de leurs vaines grandeurs. Le monde entier n'est plus à tes regards qu'un vaste tombeau, où les cendres de ces générations innombrables de souverains et de sujets sont entassés et confondus, sans que la main qui les remue puisse distinguer ce qui a été, ni en retrouver aucun vestige; tandis que toi seul, ô Soleil! ô flambeau de l'univers! toi seul, témoin de ces grands spectacles, existes par toi-même, immuable au milieu de ces éternelles révolutions.

En vain je porte la vue sur toute la terre pour y découvrir les magnifiques monuments que des peuples adorateurs ont érigés à ta gloire; il n'en est plus; temples, autels, pontifs, tout est anéanti : le dieu vit encore, et, poursuivant sa carrière, triomphe, au plus haut des cieux, des outrages du temps. Ce temps jaloux, toujours enchaîné à ton char, ne peut étendre sur toi ses ravages. Tu parcours, depuis le commencement avec la même rapidité, l'immense étendue des airs, et tu roules ton globe resplendissant au milieu du torrent des âges, sans qu'ils puissent ni t'affaiblir ni t'arrêter.

Ton éclat, au contraire, semble renaître et croître avec une nouvelle vigueur. La fin de ta course paraît plus brillante encore que le commencement. Ton char, en se plongeant dans l'onde, laisse après lui, dans les nues, de longues traces de lumière, qui se prolongent jusqu'au règne des ténèbres.

A ton coucher, le ciel se nuance de mille traits de pourpre, d'or, d'azur et d'argent. Tu n'abandonnes l'horizon qu'après l'avoir inondé d'un déluge de feux que tu vas prodiguer à d'autres mondes; et la source de tes rayons, qui enfantent le jour et vivifient les astres de la nuit, ne tarit jamais.

Marais fangeux, lacs impurs, repaires de mille horribles reptiles, images des cœurs infectés du venin des passions, vous ne les souillez point par vos exhalaisons, ces rayons si purs : s'ils vous éclairent, c'est sans se corrompre, et sans rien perdre de leur inaltérable beauté.

Ornement sacré des cieux, je te salue encore : reçois, jusqu'à la fin des jours et des temps, les hommages multipliés des êtres sans nombre qui peuplent l'étendue de l'univers. Brille, pendant l'espace infini des siècles, avec la même splendeur ; éclaire éternellement la terre, la mer et les cieux, et ne rentre jamais dans les gouffres du chaos.

Astre merveilleux, roi du monde, sois immortel comme les dieux. Tu es leur céleste image ; leur essence et leur gloire se peignent, en caractères de feu, dans l'éclat de ton globe éblouissant. Oh! que ta vue élève mon âme, et qu'elle l'agrandit, en lui dévoilant sa sublime origine! Tu ne cesse de lui révéler la divinité. Oui, je suis le fils des dieux ; je n'ose plus en douter quand je te contemple. Chacun de tes rayons est une preuve victorieuse de leur existence, une vive étincelle de leur grandeur, et le triomphe continuel de leur pouvoir suprême.

CHAPITRE II

Quand le génie puissant de l'univers voulut donner la naissance à tout ce qui existe; quand, de sa main souveraine, il brisa les voûtes immenses du chaos et de la nuit, et que le jour eut percé, de ses rayons, ces cavernes profondes où cent chaînes de fer le tenaient captif; Soleil, quand tu te montras, pour la première fois, dans les plaines des cieux, brillant de toute ta splendeur, les dieux eux-mêmes, les dieux étonnés, éblouis de ta beauté ravissante, sortirent en foule de l'Olympe pour te contempler. Pluton et Proserpine abandonnent les sombres bords de l'Achéron pour te voir: Neptune s'élève des noirs abîmes de l'onde, monte précipitamment sur son char, et, suivi de tous les dieux de la mer et des monstres innombrables qu'elle nourrit dans ses entrailles, vient t'admirer avec le ciel et la terre.

A peine, ô Sóleil! l'aurore étincelante ouvre les portes enflammées de l'orient, que, tel qu'un superbe conquérant, impatient de se signaler par de nouveaux triomphes, tu détaches de la voûte céleste ton disque éclatant : soudain tu pars et t'élèves avec magnificence sur le monde entier ; tu déploies, avec pompe, tes feux ardents, et les lances rapidement dans les vastes champs de l'air, pour éclairer, au même instant, toutes les parties du globe. Déjà tout s'embrase. Les étoiles pâlissent et s'effacent : poursuivie par l'éclat du jour, la nuit épouvantée s'envole, se précipite dans les abimes de l'océan, et enveloppe dans ses sombres voiles, le dieu du sommeil et du silence. Les songes légers fuient devant ton char de rubis et de diamans, et sécoulent au sein des ombres.

Tu dores le sommet sourcilleux des hautes montagnes et la cime majestueuse des pins et des chênes altiers, voisins de la foudre. Tu luis dans les vallées les plus profondes. Frappé de ta vive splendeur, tout l'univers se réveille ; mille oiseaux voltigent sur les rameaux des tendres arbustes dont ils secouent la rosée, et se réunissent en chœur pour célébrer ton éclat dans leurs chants mélodieux.

Au bruit de ces concerts charmants, le roi de la nature, l'homme élève son front auguste, ce front impérieux fait pour contempler les cieux et commander à tous les êtres. Il s'éveille dans l'alégresse, et sort de sa couche pour admirer ton lever brillant et jouir de tes bienfaits.

Ainsi le tonnerre, dont les coups redoublés ébranlaient, pendant la nuit, les fondements de la terre ; ces foudres épouvantables qu'on entendait, la veille, parcourir, en longs mugissements, cette vaste chaîne de montagnes, et retentir, en rapides éclats, dans les vallons d'alentour, ne grondent plus dans les airs. Jamais le ciel ne fut plus serin, jamais la nature ne parut plus belle.

Ah ! qu'il est doux, au matin d'un beau jour, de cueillir, dans ces prairies, ces fleurs que le Soleil y fait naître ! Qu'il est doux de respirer cet air embaumé des parfums les plus purs, et de jeter les yeux sur ce tapis, dont le vert tendre et naissant réjouit la vue! Paisible ruisseau, je vais suivre le cours de ton onde tranquille, qui serpente et coule mollement le long de ces plaines riantes, sur lesquelles tu répands la fraîcheur et la fécondité. Promenades délicieuses, dans quel calme flatteur vous me jetez !

Ici, penché sur ce bassin limpide, je contemple les jeux des habitants légers de l'onde. Excités par la chaleur de l'air, ils nagent, plongent, se croisent à l'envi, et glissent cent fois les uns sur les autres, sans altérer jamais la pureté de ses eaux.

Là, j'admire la beauté d'un cygne superbe, qui, orgueilleux de la blancheur de son plumage, en épure l'albâtre aux rayons du Soleil, déploie ses ailes éblouissantes, et, souverain du fleuve, s'y promène à son gré, tantôt se laissant entraîner au courant des eaux, et tantôt les remontant avec une fierté majestueuse.

Là, j'entends, avec transport, une foule d'oiseaux qui chantent le retour du printemps, sur les branches de ce peuplier solitaire qui ombrage ces bords heureux. Le rossignol jaloux enfle son gosier si flexible, et fait entendre l'harmonie de ses roucoulements. Ses rivaux confondus se taisent; ils semblent suspendre leurs chants pour écouter, en silence, les accents mélodieux du dieu de la musique champêtre, et ses sons variés, prolongés et cadencés avec tant d'éclat.

Habitants enchanteurs de ces aimables lieux, qui charmez, par vos concerts, les ames pures, et adoucissez les peines de cette vie passagère, hélas! vos chants, vos plaisirs vont bientôt finir. Déjà l'oiseleur sans pitié s'avance d'un pas lent, et parcourt, d'un œil furtif, ce buisson épineux, ces branches hospitalières qui, dans l'épaisseur de leur feuillage, semblaient vous offrir un asyle impénétrable. Insensible à vos alarmes, il glisse déjà ses doigts inhumains dans votre nid, et ravissant d'une main meurtrière cette famille naissante, ces petits faibles et tremblants, qu'à peine un léger dùvet commence à couvrir, emporte, malgré vos cris plaintifs, le fruit de vos tendres amours.

Ainsi les cieux, témoins de votre bonheur, les sombres forêts, les rivages fortunés, qui résonnent maintenant de sons si doux, bientôt, hélas! n'apprendront que vos malheurs; écho, que vous entretenez jour et nuit, n'entendra bientôt que vos accents lamentables, et ne redira plus aux montagnes que vos gémissements et vos douleurs.

L'hameçon perfide a déjà percé le sein de l'onde : docile à la main qui le guide, il circule lentement à travers les flots de cristal. Fuyez! Aveugles! vous poursuivez à l'envi cet appât trompeur, vous vous le disputez : il a déjà disparu, et déjà je vous vois suivre, en vous débattant, la main du pécheur avide qui vous tire avec transport sur le rivage, et vous contemple palpitant au bout de sa ligne tremblante qu'il tient suspendue en l'air. Il vous enlève de cette onde nourricière où vous êtes nés, et que vous ne reverrez jamais.

Hôtes de nos bocages, et vous peuples de l'onde, le plus redoutable ennemi que vous ayez dans la nature, est donc l'homme! Il n'est donc point d'élément qui vous mette à l'abri de ses piéges et de sa cruauté! Le barbare ! Eh ! s'il veut verser du sang, s'il en est si prodigue et si insatiable, s'il ne veut exercer dans l'univers d'autre empire que celui de la mort, qu'il s'enfonce dans les déserts de l'ardente Libye, dans les rochers caverneux du mont Taurus; qu'il arrache de leurs antres profonds les lions rugissants ; qu'il poursuive au fond de leurs repaires affreux, les serpents, les léopards, les ours, et les autres monstres, ses seuls ennemis. Là, qu'il combatte ces reptiles impurs, ces terribles animaux, moins féroces peut-être et moins sanguinaires que lui; qu'il les égorge, qu'il arrose la terre de leur sang; qu'il se repaisse à son gré de ce sang venimeux, et qu'il laisse du moins les timides habitants de l'air et des eaux, tranquilles dans les divers éléments où la nature ne les a placés que pour les dérober à ses fureurs.

Mais qu'entends-je? Quels cris lugubres, quels accents douloureux viennent répandre dans mon âme émue la terreur et la pitié? Le clairon de la guerre a retenti; la terre s'ébranle, elle est tout en feu; ce n'est plus qu'un champ de bataille et de carnage. Quel spectacle d'horreur! Je vois partout les hommes en fureur, excités par la nouvelle Némésis, s'armer contre des hommes. Le fer étincelle, et des fleuves de sang inondent la surface du globe.

O hommes impitoyables, ô mortels forcenés! qu'elle fièvre ardente vous agite! Qu'elle implacable Euménide arrache de sa tête chauve ces effroyables vipères dont la langue distille le venin, et darde de longs traits de feu ? Pour les irriter encore, elle les secoue dans sa main sanglante, et les lance dans vos cœurs.

Malheureux, arrêtez ! Ouvrez donc des yeux, que l'ivresse de la haine et le bandeau de la vengeance ont aveuglés. Voyez, et frémissez. Ces hommes que vous voulez immoler, et dont vous brûlez de répandre le sang, ces hommes sont vos frères. Insensés, n'êtes-vous donc sur la terre que pour vous détruire, et n'existez-vous que pour vous poignarder ? La vie que les dieux suprêmes vous ont donnée, cette vie est-elle trop longue ? ou craignez-vous que le ciseau des Parques ne tombe de leurs mains homicides, et ne coupe trop tard le fil de vos jours ?

Sacrilége faim des richesses, voilà tes attentats ! voilà les crimes dans lesquels tu précipites les misérables mortels ! C'est toi, fatale ambition, qui les divises sans cesse et soufles dans leur ame le feu de la guerre : c'est toi qui les agites et les tourmentes, comme s'ils tournaient sous le fouet vengeur des furies.

O toi, qui jadis recula d'épouvante, et te couvris de profondes ténèbres pour ne pas voir l'abominable festin de Theyeste et d'Atrée! Soleil! refuse ton flambeau à tant d'horreurs: n'éclaire que des rois humains et généreux, assez instruits pour sentir que leur intérêt commun est de s'aimer, assez religieux pour regarder la guerre comme le signe le plus terrible de la colère des dieux, et le fléau le plus funeste qui puisse désoler la terre.

Que les forges toujours retentissantes de Lipare et de Lemnos s'écroulent et qu'elles écrasent sous leurs voûtes brisées l'infatigable Vulcain avec ses monstrueux Cyclopes! Qu'ils périssent et qu'on ne les voie plus désormais, le corps ruisselant de sueur, la tête fumante, l'œil en feu, les bras nus, levant avec effort d'énormes marteaux, frapper à grands coups, sur l'enclume gémissante, le fer embrasé, ou fondre l'airain, pour en former des flèches et des lances au dieu des combats.

Hélas ! ce dieu cruel vient de me ravir l'ami de mes premiers ans, le dépositaire de mes pensées, le confident de mon ame : il me l'a ravi. Malheureux ! je l'ai perdu ! Qui me le rendra ? Où retrouver ce cœur sensible et vertueux, cette probité antique et ces mœurs incorruptibles ?

O coup affreux ! ô douleur accablante ? Son père, dont il était l'amour et l'espoir, ce vieillard infortuné ne le reverra donc plus ! son épouse, si heureuse naguère et si digne d'envie, maintenant inconsolable, éperdue, cette épouse adorée ne reverra donc plus l'objet de sa tendresse ! Les enfants, l'un encore au berceau, l'autre orphelin, hélas ! avant que de naître, ne l'appelleront donc jamais du doux nom du père ! Jamais à sa voix ils n'accourront dans ses bras pour se disputer ses touchantes caresses ! C'en est fait, il n'est plus, lui dont les destinées devaient être si prospères : il n'est plus; le Soleil ne luira plus pour lui. Mais si les ombres plaintives des tristes victimes de la guerre, sont sensibles encore aux gémissements de l'amitié désolée, jeune héros, tu seras touché de mes regrets, et des pleurs dont j'arrose ta cendre.

Exécrable guerre, rentre au fond des enfers : va, tu n'appartiens qu'aux tigres et aux lions. Malheur donc, malheur au mortel impie qui, pressé de la soif sanguinaire des conquêtes, ouvrira les portes du temple de Mars, et réveillant la discorde assoupie au milieu des serpents qui l'entourent, secouera son flambeau embrasé et criera aux armes !

Rois, écoutez. Vous êtes sans doute les fils du grand Jupiter, sa foudre est dans vos mains ; mais dès que vous cessez de le représenter par vos bienfaits, soudain cet éternel dominateur de toutes les puissances brise votre sceptre, vous rejette de sa présence et détourne ses regards de votre empire.

O qu'un monarque pacifique et sans faste est au-dessus de ces conquérants dévastateurs qui, du haut de leur char, ne commandent que le meurtre et ne respirent que le carnage !

Fille du ciel, aimable paix, descends sur la terre ; enchaîne, pour la fécilité des peuples, les souverains du monde ; et que le démon des combats n'éteigne jamais l'encens qu'ils bruleront sur tes autels !

Mais toi que les sons meurtriers de la trompette guerrière glacent de frayeur ; toi, qui préfère une simple couronne de lierre aux lauriers sanglants de Bellone et de Mars ; reprends, ô ma muse ! tes chalumeaux champêtres et prépare-toi à moduler de nouveaux airs à la louange de l'astre éclatant des cieux !

CHAPITRE III

L'hiver s'est enfin retiré dans ses grottes profondes. Les vents impétueux ne mugissent plus, et sont enchaînés dans leurs antres souterrains. Les aquilons ne désolent plus les campagnes, et ne soufflent plus avec violence, dans les airs obscurcis, la neige et les frimats. On n'entend plus la grêle, lancée par un affreux ouragan, retentir et rouler avec fracas sur nos toits ébranlés. Les tristes Hyades n'épanchent plus dans les vergers de Pomone leur urne intarissable.

Tout renaît. Les fontaines, longtemps captives, ont repris leur cours paisible ; les pluies orageuses n'en corrompent plus la pureté. Déjà les fleurs percent la terre : leurs boutons printaniers s'élèvent sur leurs tendres tiges, ils grossissent et entr'ouvrent leur sein odorant. Les arbres, dépouillés de leurs feuilles jaunissantes, se parent d'une verdure nouvelle ; leurs branches courbées en voûte, commencent à présenter aux voyageurs de l'ombre et du frais.

Engourdi tout l'hiver par la rigueur du froid, le serpent sort du creux de vieilles ruines couvertes de mousse, où il s'était enseveli, roulé sur lui-même. Ses yeux lancent des étincelles, il dresse en sifflant sa tête vénimeuse, et, dardant son triple aiguillon, traîne sur la pelouse, les replis ondoyants de son corps écailleux.

Les abeilles murmurent le long des buissons parfumés, et font résonner de leurs bourdonnements les campagnes rajeunies : on les voit voltiger à l'envi du citise au thym fleuri, se plonger dans le calice brillant de la rose, et recueillir sur les feuilles de l'acanthe et de l'arboisier, un miel aussi doux que celui du mont Hymette.

Les troupeaux bondissent sur l'herbe naissante. On voit avec délice les tendres brebis allaiter leurs jeunes agneaux, et paître dans les prairies, tandis que la chèvre vagabonde erre au loin, et grimpe au haut des monts, pour y brouter la ronce épineuse et les boutons fleurissants de l'églantier. Les bergers qui faisaient jaillir d'un caillou l'étincelle prisonnière, et brûlaient le tronc noueux d'un antique érable, folâtrent maintenant dans les vallons, et forment de nouveaux concerts. O Soleil ! c'est ta vue qui les enchante, et leur inspire les plus doux sentiments ; c'est elle qui fait briller dans leurs yeux, la candeur et la joie naïve de leur âme.

Montés sur des coursiers hennissants, dont le frein ne peut modérer les bonds impétueux, et qui impriment la terreur par l'audace de leurs regards et le feu jaillissant de leurs larges naseaux, les chasseurs, dès le lever de l'aurore, font retentir les côteaux et les forêts des sons belliqueux du cor. Ceux-ci lancent avec ardeur le timide chevreuil, qui fuit en vain le trépas. Ceux-là excitent, par leurs cris les chiens aboyants à se jeter sur un horrible sanglier, qui, malgré le sang bouillonnant qui ruisselle de ses profondes blessures, les crins hérissés, la gueule ouverte et enflammée, les arrête tous, et les fait reculer d'épouvante, en perçant d'un coup violent de ses longues défenses, le plus téméraire, qu'il jette en l'air, sanglant et déchiré.

Disparaissez devant le flambeau des cieux, sombres brouillards, vapeurs sinistres, noirs frimats, qui plongez l'univers dans une léthargie funèbre; disparaissez : ne dérobez plus à nos yeux le spectacle imposant de ces montagnes menaçantes qui s'élèvent en amphithéâtre jusqu'aux nues, et soutiennent depuis l'origine du monde, la voûte immense des cieux. Laissez-nous contempler leurs fronts majestueux, chargés d'énormes glaçons tout rayonnants des feux du soleil, qu'ils réfléchissent au loin dans les plaines avec un éclat éblouissant.

Tes regards, astre divin, tes regards vainqueurs chassent les nuages. Tu t'élèves tout-à-coup du gouffre des ondes en gerbes de feu, et dans l'instant la vaste étendue des mers paraît couverte de flammes ondoyantes : tu fends les airs, et déchires dans ta course lumineuse ces voiles ténébreux qui couvrent la terre. O prodige ! tu l'arrache au sommeil lugubre où elle est ensevelie ; elle sort de ses ruines, et sourit à ton aspect : elle trésaille et renaît cent fois dans l'ardeur de tes embrassements : tu l'embellis de toutes les grâces du printemps : tu répands avec profusion dans son sein amoureux l'esprit des fleurs et les germes des fruits : tes feux vivifiants pénètrent jusque dans ses entrailles ; ils y forment l'or le plus pur et ces magnifiques pierreries où brillent tes rayons étincellants, et ces superbes diamants qui relèvent la majesté du front des rois.

O père de fécondité ! avec quelle excelence tu la prodigues au monde entier ! Epoux de la nature, tu allumes dans son sein les flammes sacrées de l'amour conservateur. Ces flammes coujugales circulent rapidement dans ce corps immense, et soudain la terre et les cieux, innondés de cette sève de feu, sont peuplés d'habitants nouveaux. Tout s'anime, tout vit, tout respire : dans les champs de l'air, sur le sommet des hautes montagnes, au fond des forêts, et jusqu'au sein des mers profondes, tes feux, ô dieu du jour ! tes feux paternels vont donner l'existence à des générations innombrables, qui se la transmettent fidèlement pendant la longue succession des siecles renaissants.

Ainsi, l'impitoyable mort a beau précipiter tous les jours sur les rives infernales des milliers de victimes :

impuissante fureur, tu trompes sans cesse l'espoir de sa faulx insatiable. Rien ne périt, tout se répare, les prodiges de la création se perpétuent; et d'une extrémité de l'univers à l'autre, je vois le fleuve de la vie renverser les digues que la mort oppose à son cours, engloutir des tombeaux, et couler en triomphe au milieu des débris de la vieillesse et des ravages de la destruction.

Vainqueur de la mort, tu commandes au temps, et tu lui as dit dès le commencement : Retarde ton vol trop rapide, et suis la marche du Soleil. Que ton cercle soit divisé en jours : que le printemps et l'été, l'automne et l'hiver se partagent les douze mois de l'année. Je veux que chaque saison varie les plaisirs de l'homme, et vienne tour-à-tour augmenter son bonheur en multipliant ses jouissances.

Astre de la vie, voilà tes grands bienfaits. Ah ! que l'homme ne cesse de les célébrer, ces bienfaits toujours nouveaux ! et si son cœur pouvait les oublier, que cet ordre merveilleux, cette harmonie constante qui règnent dans l'univers, lui rappellent à jamais ta puissance et ta gloire! les dieux, t'ont soumis les éléments; tu les animes, tu les conserves, tous ressentent ton influence tutélaire, et reconnaissent ton empire.

Quand la foudre de Jupiter frappe à coups redoublés la cime des monts Acrocérauniens, et les couvre de feux et de fumée; quand la mer, irritée par Eole, gronde avec fureur, et vomit du fond de ses entrailles ces effroyables tempêtes, qui confondent ensemble le ciel et la terre, et menacent de sa ruine la nature entière; quand les vaisseaux élancés, suspendus au sommet des vagues bondissantes, tombent engloutis dans les abîmes, et que les navigateurs éperdus n'attendent plus que la mort; quand Neptune agitant son trident, ne peut lui-même abaisser les flots séditieux, si ton front enflammé s'élève au dessus des nues, et fait briller du haut des airs ses rayons consolateurs, le terrible Eurus et le noir Borée s'enfuient soudain, l'orage disparaît, et les jeunes Alcyons planent à l'envi sur la mer tranquille. Echappé au naufrage, le nocher voit avec transport un vent frais et doux frémir dans ses voiles étendues, et son vaisseau fendre paisiblement les ondes blanchies d'écume. Alors, adorant à genoux le grand astre qui préside à la navigation, il lève vers ses feux propices des mains pieuses, et fait couler sur la proue couronnée de guirlandes fleuries, le sang des victimes ornées de bandelettes dorées, au milieu d'un nuage d'encens qui s'élève aux cieux.

Je t'entends invoquer cet astre bienfaisant, heureux vieillard, toi qu'une vie de près d'un siècle, une vie aussi pure que les plus clairs ruisseaux, rend vénérable à tous les mortels : je t'entends ; tu l'invoques et le bénis avec allégresse, quand, sur la fin d'un beau jour, tu reviens à pas tardifs des champs éloignés, longtemps cultivés par tes mains, suivant, avec des yeux attendris les enfants de tes fils.

Les uns, chargés des trésors de Pomone, te prennent les mains en souriant, et les remplissent de fruits : ils te montrent du doigt un nid d'oiseau qu'ils ont découvert dans ce buisson épais, et que, pour les contenter, tu feins de voir d'un air satisfait. Les autres, suspendus à ton cou, te prodiguent de doux baisers. D'autres, conduisent devant toi les nombreux troupeaux, qui descendent en bêlant de cette coline verdoyante : ils t'invitent à caresser leur chien vigilant, qui vient de sauver leur mouton le plus beau, en l'arrachant avec ardeur d'entre les dents ensanglantées d'un loup affamé.

Ceux-ci comptent de l'œil de jeunes agneaux, et se réjouissent de les ramener au bercail sans en avoir égaré un seul : ceux-là, montés sur un âne indocile qu'ils pressent inutilement, et dont l'aiguillon ne peut accélérer la marche paisible, essaient les pipeaux qu'ils ont taillés eux-mêmes, et chantent des airs rustiques qu'ils se plaisent à faire redire cent fois aux échos des vallons. Dieux immortels ! vous récompensez ainsi la simple vertu. Les ombres heureuses des champs élysées ne jouissent pas d'une félicité plus pure, ni de délices plus parfaits. O respectable vieillard ! tu as vu déjà quatre-vingt-dix moissons, et ta vie a été un printemps continuel. La source du bonheur est dans ton cœur, et ce bonheur est le prix de l'innocence.

Héros de l'humanité ! tu approches enfin de ta cabane, que tu voyais fumer de loin à travers ces tilleuls et ces figuiers touffus qui en dérobent une partie aux yeux. Là un repas frugal t'attend. Va t'assoir au milieu de ta famille, et partager avec elle ce pain frais, ces fruits, ce lait que des mains pures ont préparés. Va renouveller tes forces dans les bras d'un sommeil tranquille, et ranimer cette vigueur que ni les glaces de l'âge, ni les bras d'airain de la pesante veillesse n'ont pu énerver. Déjà, tes paupières se ferment, tes mains tombent de lassitude, ta tête chancelle et s'appesantit insensiblement ; tu t'endors dans la paix, jusqu'à ce que le lever de l'astre du jour te rappelle à tes travaux.

Quels désirs, quels vœux peux-tu former ? Tes champs sont couverts d'épis dorés, tes vignes couronnées de pampres et de raisins, tes arbres chargés de fruits odorants, tes troupeaux nombreux et féconds : la verdure riante de tes prés, ces fontaines pures qui les arosent et ne tarissent jamais, tout favorise, tout prévient tes souhaits. Entends le murmure de ce ruisseau ; vois-le, réfléchir dans l'azur de ses flots limpides, l'éclat des astres reproduits et multipliés sur la surface tremblante de ses eaux : entends le chant de ces rosignols, qui expriment avec tant de douceur et d'harmonie leurs innocents amours ; ces zéphyrs qui soupirent dans les rameaux de ce vieux chêne, et les agitent mollement.

Vois ces légions d'étoiles qu'aucun nuage n'obscurcit, la lune qui roule paisiblement son char d'argent dans un ciel pur et brillant. Vois comme la douce rosée mouille ces humbles arbustes et ces saules vaccilants ; comme elle blanchit ces vastes prairies, comme elle luit de l'éclat des plus vives couleurs, en tombant sur ce gazon et sur les fleurs dont cette plaine est émaillée ; comme elle sème de perles étincellantes l'hiebe et le serpolet, la marjolaine et l'amaranthe.

Vois ces faunes qui abandonnent leurs grottes ; ces satyres qui sortent du creux de ces vieux érables, autour desquels le lière agreste s'élève en serpentant. Vois ces Dryades timides se poursuivre légèrement à travers ces épaisses forêts où elles s'enfoncent et se cachent, de manière à être aperçues : vois-les, se tenant par la main, folâtrer sur le gazon, qui plie à peine sous leurs pas, et danser ensemble au son de la flûte, sous ces peupliers dont l'ombrage s'étend au loin. Heureux mortels ! tout te promets le lendemain que tu désires. Les dieux eux-mêmes se plaisent à combler tes vœux. Déjà le crépuscule paraît, l'horizon s'enflamme, et le soleil va se lever plus éclatant que jamais.

C'est ainsi, que dans mes chants inspirés par la nature, je célébrais à la fois la magnificence du grand astre de l'univers, et le bonheur de la vie champêtre: je commençais à peine mon neuvieme lustre, quand tout-à-coup la mort s'élançant de l'abîme de l'érèbe, m'apparut, pâle, hideuse, terrible, et levant sur moi sa faulx homicide.

Hélas! au sein des douleurs, à la vue de la tombe affreuse, inaccessible à la douce espérance, et presque au moment de fermer pour toujours mes yeux à la lumière, ce n'était point vous qui faisiez couler mes larmes, chimères de la fortune, fantômes de gloire et d'orgueil, aussi vains que les faibles mortels qui courent après vous ; grandeurs décevantes, et plus passagères que l'ombre, ah ! ce n'était ni votre amour, ni l'espoir de vous posséder un jour, qui causaient mes soupirs.

Soleil, qui éclaires le monde de feux si brillants et si purs ; spectacles touchants de la campagne, qui m'avez toujours ravi ; feuillage naissant que j'ai tant aimé ; rochers sourcilleux, qui bravez les tempêtes et les mers mugissantes ; montagnes caverneuses, asiles antiques des filles de la nuit ; sombres forêts, qui remplissez mon âme mélancolique d'une religieuse horreur ; vastes allées, où repose le dieu du silence ; bocages solitaires, où j'ai entendu la tourterelle gémissante et la colombe désolée soupirer leur veuvage ; heureux lilas qui me couvriez naguère de l'ombrage de vos jeunes rameaux pliants sous le poids de vos gerbes de fleurs ; berceau de jasmins et de rosiers, où le ruisseau qui tombe en murmurant du haut d'une colline, et fuit dans la prairie en longue nappe d'argent, entretient une fraîcheur délicieuse ; agréable berceau où j'allai tant de fois respirer le calme et l'innocence, et que je n'abandonnai jamais sans gémir de la course trop rapide des heures ; et vous fertiles vallons que je parcours avec une volupté toujours nouvelle, vous qui empruntez de l'astre que je chante, votre éclat le plus doux ; objets de mes tendres regrets, hélas ! mes yeux mourants ne se tournent que vers vous.

Je disais au père de la lumière : O toi que je n'ai jamais contemplé qu'avec un saisissement profond, flambeau de l'univers, astre créateur! bientôt je ne te verrai plus! côteau charmant qui baigne le Loiret paisible; Olivet, séjour digne des dieux mêmes, si, mieux connu de nos rois, ils eussent embelli tes beautés naturelles de quelques-uns de ces grands miracles de l'art vainement prodigués à Versailles, ô le plus beau lieu de la terre! reçois mes adieux. Solitude aimable où le philosophe goûte en paix les fruits de la sagesse et les plaisirs de la raison, retraite fortunée où je vivais inconnu à l'envie, dans peu je ne te verrai plus.

Je ne reverrai plus ce sage que n'infecta jamais l'air empoisonné des cours, et qui, sans ambition, sans intrigue, parvenu au comble des honneurs, vit maintenant loin du trône, avec la fidèle amitié, simple comme la vertu, et bienfaisant comme les dieux. Ces gazons fleuris qui bordent sa demeure enchantée, ces bois où je m'égarais avec tant de plaisir, ces bosquets où si souvent il consola mon cœur, il faut tout quitter!

Et toi, Loire magnifique, qui roules majestueusement tes ondes bienfaisantes sous un ciel toujours serein, je n'irai plus sur tes bords chéris, oubliant les malheureux humains et les soins de cette vie, admirer ces riches tableaux, ces paysages gracieux que le miroir de tes eaux reproduit et perpétue le long de ton cours. Pour la dernière fois, hélas! j'ai vu ces rives fécondes embaumées au printemps par les fleurs, et bordées de vignobles heureux, qui rendent au loin l'horizon plus riant et plus doux.

Je le disais les yeux baignés de pleurs et respirant à peine ; je le disais, et d'une voix plaintive je conjurais les parques de prolonger mes jours lorsqu'un esprit consolateur (c'était un dieu sans doute) descendit des célestes régions tout rayonnant de lumière, et répandit une odeur divine d'ambroisie. Il s'approcha de ma couche funèbre, et me fit entendre ces paroles, qui seront toujours présentes à ma mémoire :

« Amant de la nature, me dit-il,

sors des ombres du trépas, lève-toi, marche, vole auprès de cette source merveilleuse, qu'un jour Neptune, d'un coup de son trident, fit jaillir à gros bouillons des entrailles de la terre, et dont l'onde azurée forma soudain ce canal superbe qui coule entre deux tapis de gazon le long de ce côteau fortuné : là, monte de nouveau ta lyre, invoque les divinités champêtres et le génie protecteur de ces rives fleuries, et célèbre encore le soleil et la vertu. »

CHAPITRE IV

Arrête, père du jour, arrête au milieu de ta carière ton char étincelant. Tandis que les bergers, fatigués des cris aigus et bruyants de la cigale, reposent à l'ombre des frênes, auprès de leurs troupeaux endormis sur l'herbe, tandis que la chaleur frémit ardemment dans les airs, et tombe sur les campagnes arrides, suspends ton cours glorieux, et du haut de cette voûte embrasée où tu triomphes de l'univers entier, considère ta beaté majestueuse. Dans l'impossibilité de te peindre, je t'offre à toi-même en spectacle.

Contemple-toi, roi des cieux ; promène tes regards sur cette plaine de feu ; parcours toutes les régions, les climats de l'aurore et ceux du couchant, parle à la nature, interroge tous les éléments, et vois s'il est des objets qu'on puisse te comparer.

Innombrables flambeaux qui embellissez le firmament, étoiles resplendissantes, qui, au milieu de la nuit silencieuse et profonde, peuplez l'immensité des cieux, et les remplissez de pompe, l'égalez-vous en beauté, le surpassez-vous en magnificence? Sphères lumineuses qui roulez sans cesse autour de son orbe enflamé ; planètes suspendues et balancées dans les airs, répondez ; et vous, qui épouvantez encore les faibles humains, comètes flamboyantes, dites : quel est le dieu puissant qui allume et conserve ces feux radieux dont vous brillez ?

Campagnes fécondes qui formez le vaste empire de Cérès, quand le laboureur matinal, dirigeant sa charrue, pique de l'aiguillon deux jeunes taureaux nouvellement domptés, qui, indociles au joug, le front baissé, résistent encore en mugissant, et présentent fièrement leurs cornes menaçantes ; quand, courbé sur le soc nourricier, il le presse pour déchirer le sein de la terre avec plus de profondeur ; quand il ensemence ses champs sous une constellation bienfaisante, quel astre propice enéchauffe les sillons, et y fait germer ce grain précieux qu'une main généreuse vient d'y répandre ? qui mûrit enfin, qui dore ces moissons dont vous vous couvrez tous les ans ?

Parlez, brillantes fleurs, parlez : qui vous a donné cet émail, cet éclat ravissant ? qui vous a nuancé avec tant d'art et de variété ? fille des zéphirs, amour du soleil et du printemps, reine aimable de nos jardins, charmante rose, qui t'a donné cette odeur suave qu'on respire avec tant de délices.

Et vous, tendres violettes, qui vous prodique ce parfum si pur que votre sein exhale? Et vous, fruits exquis, dites, qui vous donne cette saveur, ce goût, cette substance céleste, qui égale en excellence le nectar et l'ambroisie, aliments délectables des divins habitants de l'Olympe? N'est-ce pas le soleil? Fleurs du printemps, trésors de l'été, doux fruits de l'automne, vous êtes tous ses ouvrages, et les présens magnifiques dont cet astre vivifiant enrichit la terre.

Coupables mortels, cœurs profanes, âmes de boue, et toujours souillées par le crime, le soleil vous abhorre; vos forfaits le font pâlir et reculer d'épouvante; n'élevez jamais vers lui vos regards sacrilèges. Les ennemis du grand Jupiter ne méritent pas de jouir de la vue de ce bel astre; non, les impies ne sont pas dignes de l'admirer.

Voyez cet orage qui se prépare avec un bruit affreux aux extrémités de l'horizon; ces tourbillons qui s'élèvent au loin dans la plaine, et font voltiger en tournoyant, un amas de feuilles désséchées, de chaume aride et de poussière; ces timides oiseaux qui fuient le danger, et volent d'une aile incertaine pour découvrir un abri dont l'impétuosité des vents semble les éloigner ; ces enfants qui, tout tremblants, accourent sous ce noyer, et se cachent dans l'épaisseur de ce buisson, ce vieillard languissant et courbé, qui, assailli au milieu des champs par la grêle et la pluie, hâte, en frissonnant, sa marche pénible pour regagner sa chaumière ; les bergères consternées qui poussent des cris perçants et ramènent à grands pas leurs brebis au hameau, et ces loups ravisseurs, hurlant d'épouvante en s'enfonçant dans leur repaire hérissé de ronces ; et la sinistre corneille qui, penchée sur le tronc d'un vieux châtaignier qu'a frappé la foudre, croasse, et ne prédit que des malheurs.

Voyez ces noirs torrents rouler à grand bruit du haut de ces monts sur ces roches escarpées, retomber par bonds, et se précipiter en fureur à travers les campagnes qu'ils ravagent, ces pâles lueurs qui sillonnent la voûte des cieux, ces feux passagers se succéder, se détruire rapidement ; ces nuées fulminantes s'entrechoquer, se déchirer, et remplir toute la terre des éclairs qui jaillissent de leurs flancs entr'ouverts ; ce nuage horrible qui, au déclin d'un jour brûlant, étend ses ailes funèbres de l'orient à l'occident et que l'aquilon rugissant promène dans les airs épouvantés, impies ! quel terrible spectacle pour vous !

Entendez-vous ce tonnerre qui gronde sourdement entre ces arbres touffus et confond bientôt ses éclats redoublés avec les sifflements aigus de leurs branches frémissantes ; le souffle impérieux des ouragans qui se mêle aux gémissements des mers ; la voix sonore des tempêtes qui bouleversent le ciel et la terre ? C'est ma voix, dit le Soleil, ce sont mes cris. Je suis le dieu tonnant. Le germe des éclairs se forme dans mes flancs embrasés : c'est moi qui allume le feu de la foudre : c'est moi qui l'envoie dévorer les lâches ennemis du ciel, venger la vertu et purger la terre des monstres exécrables qui méprisent les dieux et blasphèment leur nom sacré.

Mais vous, sages mortels qui êtes animés de ces mêmes dieux, vous qui les craignez, et leur immolez des victimes agréables, jouissez de l'éclat d'un beau jour ; le ciel l'a fait pour vous. La nature n'a produit ce superbe palmier que pour vous couvrir de l'ombre flottante de son feuillage, et vous garantir de l'ardeur du midi. Les grappes ambrées de la vigne amoureuse qui presse les jeunes ormeaux de ses longs embrassements, et les fruits délicieux qui embaument ces vergers, ne mûrisent que pour vous. Le cristal de ces fontaines ne coule sur ce sable d'or que pour tempérer votre soif, et rafraîchir l'air que vous respirez.

C'est pour le charme de vos yeux que ce vallon est semé de fleurs ; ces roses ne s'épanouissent que pour vous ; ces oiseaux ne forment des concerts si harmonieux que pour vous enchanter ; cette grotte n'a été creusée dans ces rochers que pour vous offrir un asile contre l'orage.

Ce ruisseau d'eau vive ne serpente dans cette plaine avec tant de lenteur et ne semble remonter vers sa source que pour plonger votre ame dans de douces rêveries. Jouissez du magnifique spectacle de ce paysage fortuné; la nature ne l'embellit que pour vous. Jouissez de la clarté des cieux, des rayons du soleil ; il ne brille que pour faire le bonheur de la vertu.

Vous qui êtes son image et qui représentez aux yeux des faibles mortels la sagesse des dieux, auguste vieillard, qui toujours portez sur le front la paix et la sérénité de votre ame, ô mon père ! que ne puis-je, pour l'honneur de l'humanité, consacrer à tous les siècles le souvenir de vos sublimes sentiments, avec celui de ma tendresse ! Hélas ! loin de moi vous achevez votre carrière, vous touchez à votre dix-huitième lustre! O quand jouirai-je de vos doux embrassements ? Quand pourrai-je vous serrer avec transport dans mes bras, baigner de larmes délicieuses votre visage vénérable, presser dans mes mains et baiser mille fois ces mains paternelles qui ont servi la patrie avec tant de gloire ! O Soleil ! si mes chants sont dignes de toi, si je t'ai peint avec des couleurs non vulgaires, exauce ce vœu de la piété filiale ! Dieu de la lumière ! précipite sa course, pour hâter l'instant si désiré où je pourrai revoir encore l'auteur de mes jours ! O combien je soupire après un moment si plein de charmes ! Puissances célestes, veillez du haut de l'Olympe sur des jours si précieux ! Prolongez, pour le bonheur de ma vie, une vie si pure et si digne de vous ! Conservez ce que j'ai de plus cher au monde, le père le plus tendre, l'ami le plus fidèle ; que je puisse le voir encore une fois, épancher encore mon cœur dans le sien ! Non, il n'est point, sous le Soleil, un mortel plus vertueux, une âme plus sensible et plus belle.

Hélas ! si les sages avec qui je passe une vie si tranquille, honorent un jour de leurs regrets mon convoi funèbre ; si ma mémoire leur est chère ; si, après avoir rendu à la poussière ma dépouille mortelle, désolés et les yeux en pleurs, ils gravent sur ma tombe champêtre ces mots touchants : « Il fut doux, simple dans ses mœurs et rempli de la crainte des dieux. Exempt d'envie et d'ambition, il n'a vécu que pour la vérité, la bienfaisance et l'amitié; » ah ! si les dieux me donnent de mériter un éloge si flatteur, s'ils me réservent sur la terre une gloire si pure, ô mes amis ! j'en atteste mon cœur, je n'ai plus de désirs à former, ni d'autre faveur à demander à ces dieux puissants, que de nous réunir un jour dans l'heureux élysée, sous ces berceaux toujours fleuris où les hommes justes de tous les siècles et de toutes les nations, assis sur un gazon frais, au bord d'une onde vive, puisent dans une source intarissable des délices toujours renaissantes.

Printemps de la vie, jeunesse riante, quand les fleurs dont tu embellis maintenant mon front, se seront flétries ; quand le feu du sentiment et du génie qui embrase mon âme, se sera éteint sous les glaces de l'âge, ô vieillesse inexorable! quand ta froide main aura sillonné mon visage et courbé sous ses coups mon corps appesanti, beaux arbres que j'ai plantés, que mes yeux ont vu croître, quand je viendrai, en m'attendrissant, vous demander d'une voix presque éteinte, un de vos rameaux pour soutenir mes bras défaillants et ma marche chancelante; alors, abandonné du monde entier, triste rebut de l'humanité, toute ma ressource, hélas! tout mon bonheur sera de fixer sur toi mes regards, sur toi, ô Soleil! ô tendre consolateur des vieillards, leur plus doux spectacle et leur dernier ami!

Je viendrai tous les matins, d'un pas tremblant, en louant les dieux, m'asseoir devant toi et présenter mes cheveux blancs; je viendrai ranimer à l'éclat de tes feux bienfaisants, les faibles étincelles de ma vie et les sources glacées de mon sang; et lorsqu'enfin, au déclin du jour, tombant sous la faulx du trépas, je sentirai le dernier souffle de ma vie errer sur ma bouche mourante et se détacher de mes lèvres décolorées, mes bras s'étendront encore vers toi, et je demanderai aux dieux de ne rendre le dernier soupir que quand ton dernier rayon disparaîtra des bords de l'horizon.

**

Le Comptoir du Commerce

FRANÇAIS ET ÉTRANGER

Messieurs les commerçants, industriels et fabricants de la France et de l'étranger sont prévenus que les bureaux du journal *l'Empire*, après s'être pourvus d'une forte représentation qu'ils augmentent considérablement encore tous les jours dans les principales villes de l'univers, en agrégeant à leur œuvre philantropique tous ceux qui, donés d'un noble sentiment, veulent bien nous honorer de leurs favorables concours, soit en nous aidant de leurs lumières, soit pour propager sur une vaste échelle les connaissances les plus réelles et les plus utiles à tout le monde.

Cette administration vient, disons-nous, de prendre la haute et digne décision de se constituer *l'Echo du commerce international*, en créant *le comptoir du commerce français et étranger, qui manquait à la France.*

Ainsi, nous espérons que les commerçants, les industriels et les fabricants auxquels nous venons offrir un débouché pour leurs produits en tous genres, voudront bien nous fournir, soit par l'entremise de nos représentants, soit en s'adressant directement à notre bureau général du journal l'*Empire*, à Lyon, rue de Marseille, 3, où se trouvera désormais cette agence spéciale, qui déjà, réclame tous les renseignements sur les divers produits, en forme de catalogue, avec un bordereau de prix de vente affecté à chaque marchandise sur les meilleures conditions. (Au reste, on écrit pour s'entendre.)

Cela établi, notre journal l'*Empire* publiera dans chacun de ses numéros un article industriel dans lequel nous exposerons à jour tout ce qu'il y aura de meilleur à la disposition des commerçants de France par notre correspondance à la source des produits, que nous pourrons offrir à tous ceux qui nous honorerons de leur loyale confiance, pour faire tout achat, tout échange et toutes ventes quelles que soient les marchandises, leurs qualités et leurs prix sur tous les marchés du monde.

Notre maison, pour s'attirer plus sûrement la confiance dans le commerce et pour s'établir sur les meilleures bases possibles, a cru devoir adopter pour fondement de tout principe les statuts suivants :

Art. 1. La maison ne traite les affaire qu'au comptant; toutefois, elle se charge de mettre en rapport les conditions des contractants à termes, sur quoi elle offrira toujours les meilleures recherches et référance, sans intervenir elle-même en garantie.

Art. 2. Notre maison ne reçoit que des effets de commerce qui seront garantis par deux signatures au moins. (Toutefois on s'entend sur les retards.)

Art. 3. Pour se couvrir de toutes ses nombreuses démarches et des déboursés considérables qu'occasionnent, en tout genre et en toute circonstance, les services que notre maison offre aux commerçants et aux marchands, en leur procurant toutes espèces de marchandises de première qualité et aux prix les plus réduits, elle ne perçoit que le 10 p. 100 au lieu du 25 et du 30 que prennent les courtiers en tout genre sur les affaires qu'ils traitent.

Art. 5. Moyennant 10 pour 100 de commission, notre maison se charge également de fournir, en n'importe quel pays et sur quelle marchandise, les renseignements les plus exacts, et moyennant l'envoi du *prix de revient* et du port de l'échantillon elle les fournit, *pourvu toutefois que l'objet en soit susceptible.*

Art. 6. Moyennant 20 fr., notre maison se charge également de fournir, à tous marchands, les adresses des principaux fabricants qui s'occupent de tel produit qu'on voudra, et de les mettre en relation d'affaires, pour pouvoir traiter directement entre eux, sans intermédiaire.

Art. 7. Il est inutile de dire que tous les transports des marchandises sont à la charge de l'acheteur et qu'en conséquence il est obligé de payer tous frais de déplacement, d'emballage et de droits, s'il y en a (*au reste cela s'est toujour pratiqué ainsi*).

Art. 8. Notre maison, indépendamment de sa position actuelle, offrira pour garanties sûres de sa gérence, le placement de tout envoi d'argent sur une maison de finances quelconque, au gré des expéditeurs, jusqu'à l'envoi des marchandises, et cela n'aura lieu que dans tous les cas où les marchandises commandées nécessiteront un retard quelconque, soit pour raison de confection, de commandes, ou d'expedition, tels que les produits des pays étrangers.

Art. 9. Pour les personnes qui voudront bien nous confier le dépôt de leur argent, soit pour le placer dans une banque, dans une compagnie quelconque, ou dans le commerce, même sur tous les genres au gré des financiers, notre maison leur passera un acte de dépot provisoire qui sera annulé dès le moment que l'argent se trouvera placé et que les pièces du placement se trouveront être à la disposition du propriétaire des fonds envoyés; et pour opérer tout cela, notre maison n'exige que le faible déboursé de 1 franc pour 0/0 en sus des frais, qui naturellement sont toujours supportés par les affaires qui les occasionnent.

Art. 10. Chacun doit concevoir que, pour n'importe quelle affaire que ce soit, notre maison l'opèrera plus promptement, plus facilement et plus avantageusement que ne le saurait faire tout homme d'affaire, vu que nous avons des représentants, et que par une simple lettre nous les engageons à prendre tous les renseignements, à faire toutes les démarches et à tout apprécier par eux-mêmes, sans que tout cela ne nous coûte un centime de plus que les fortes primes, remises et honorifiques que nous leur donnons. Ainsi, nous espérons que le public voudra bien prendre à cœur toutes ces considérations et qu'il nous honorera d'une confiance, que chaque jour nous nous efforcerons de mériter davantage.

Art. 11. Par notre position, nous nous chargeons aussi de fournir des emplois soit dans notre maison, soit pour tous les états qu'on désirera, et tout cela *gratis pro deo*. Seulement, on paye les frais qu'on nécessite.

Art. 12. Il nous semble bien inutile de dire que toutes les affaires d'achats de ventes et d'échanges, que nous offrons aux commerçants, s'appliquent aussi à tout particulier qui nous honorera de son estime justement méritée.

Enfin, entre autre chose, nous ne saurions rien recommander de plus utile au public que notre journal l'*Empire*, qui s'occupe universellement de tout ce qui rentre dans les connaissances du progrès, et qui vient, en outre, d'ouvrir deux de ses colonnes exclusivement destinées à tout ce qui regarde *le comptoir du commerce français et de l'étranger*, qui a pour but, nous l'avons dit: 1° de pouvoir mettre en paralèle les différents produits, non seulement des fabricants français, mais étrangers et d'offrir tout à la concurrence des prix qui existent entre les commerçants.

2° De pouvoir mettre en rapport avec les fabricants eux-mêmes tous les marchands qui font leurs emplètes parfois de la cinquième main, ce qui est cause qu'ils payent fort cher des marchandises qu'ils pourront trouver auprès de nous à de fort meilleures conditions, ce qui les mettra à même d'établir une concurrence à leur confrères, et, vous le savez, *la concurrence est l'âme du commerce.*

Sur ce, notre journal l'*Empire* s'occupe de tous les meilleurs produits; comme il s'occupe de toutes les inventions des beaux arts et des sciences, et par là, il devient très utile à tout le monde.

Ce journal, d'un très-beau format, s'est enrichi des armes de l'empire, ce qui le rend semblable aux plus beaux journaux illustrés.

Le prix de l'abonnement n'est que de 10 francs l'an, qu'on paye à la réception du journal,

L'ART

De briller dans le monde

ET DE S'ENRICHIR

PAR DERBEZ

---

1 joli volume, prix : 5 francs

J'ai l'honneur de vous présenter cet ouvrage *extraordinaire*, tant par son universelle utilité, que par la grande véridicité qui le caractérise, tous aussi bien que par la riche matière qu'il renferme, puisée dans les ouvrages des plus grands écrivains de tous les temps et mise à la portée de tout le monde, d'après les plus profondes recherches, dont la base se fonde sur l'expérience de tous les grands et illustres personnages de la terre.

Cet ouvrage a pour titre *l'art de briller dans le monde et de s'enrichir*, par des moyens dont se sont servi avec un plein succès plusieurs *milords anglais* et les plus célèbres richards de l'univers entier.

Embrassant plusieurs branches très-solides et susceptibles de rendre l'homme grand et puissant sur tous les rapports du bien-être ; il prend du berceau, serait-il l'enfant le plus misérable, qu'il le conduit à l'honneur, à la richesse, et enfin à la gloire.

Car, plein d'esprit d'invention pour toute entreprise, il tient le bon goût dans les modestes plaisirs, le haut rang dans les grandeurs du monde, et le maintien assuré dans les charges les plus grandes et les plus sérieuses ; en un mot, tout y est prévu, commenté, expliqué et résolu très clairement, et jusqu'au *affaires en tout genre* même s'y trouvent exposées et rédigées d'après le *droit français*, de telle sorte qu'il doit être considéré comme le *Conseiller universel des Villes et des Campagnes.*

Cet ouvrage, réellement remarquable, est un de ces livres sérieux qui portent en eux le caractère de leur immortelle valeur; aussi, je le recommande à tous, mais spécialement aux *instituteurs* et aux *pères de famille, pour l'avenir des enfants,* comme un *Vade mecum* pour tout vrai partisan de la fortune et de la distinction.

Monsieur, ce livre, qui doit sous peu de jours paraître, compte déjà un très grand nombre de souscripteurs qui joyeusement me fait espérer que mes très-longs travaux ne seront pas perdus, puisque j'ai pu travailler pour le *genre humain* et bien mériter de ma chère patrie; tant il est vrai que le bon fut toujours le bon.

Moyennant la somme de 10 francs vous recevrez, *franco de port à votre adresse :*

1o *L'Empire*, journal encyclopédique des connaissances utiles et du comptoir universel du commerce français et étranger.

2o *L'Art de briller dans le monde et de s'enrichir.*

Enfin, on reçoit en outre un *très-beau tableau de la Famille impériale. C'est pour rien qu'on reçoit tout cela*; vu que le journal l'*Empire* seul vaut plus de 10 *francs*. Avisez-y donc et *écrivez-nous*.

TABLE DES MATIÈRES

Lyon, imp. Porte et Boisson, cours de Brosses, 9.

On demande des représentants

DANS TOUTE

La France et l'étranger

---

*Pour occuper des emplois dans la régence et la propagation du journal l'***Empire***, ainsi que dans l'organisation du* **Comptoir universel du commerce et de l'industrie français et étranger.**

On demande des associés

Pour faire marcher les choses en grand.

(Ecrire pour s'entendre.)

Avis au public

Notre maison s'occupe actuellement de la vente du *Cocteur universel*, ou de la chaudière économique du commerce et de l'agriculture.

La vente de cette chaudière est accompagnee d'une très bonne méthode de fabrication des gélatines, des savons, des engrais et de plusieurs autres industries, dont une seule peut faire un revenu de plus de 5,000 francs par an à l'acheteur, sans parler de ce qu'elle s'applique à tous les autres usages, tant de la ferme que de l'industrie, avec un grand avantage, puisqu'elle se place aisément partout, et que son fourneau est construit de telle façon que 25 à 30 centimes de combustible l'entretiennent en forte ébullition un jour entier, ce qui constitue une économie de 60 0[0 sur le chauffage, et la chaleur en est telle qu'elle économise les trois quarts du temps, sur n'importe quelle cuisons; enfin, son usage est si facile qu'un enfant de douze ans peut facilement obtenir tous ces résultats. Au reste, jamais invention ne fut plus propre à tous les usages, et chaque particulier, *bon économe*, devrait se la procurer, ne serait-ce que pour engraisser ses animaux, ou faire la lessive.

Sa contenance est de 100 litres environ, et son prix n'est que de 165 fr., avec tout l'appareil, et rendu *franco* à destination, ainsi que la méthode *nécessaire pour toutes les fabrications industrielles, vraie base de la fortune.*

www.ingramcontent.com/pod-product-compliance
Ingram Content Group UK Ltd.
Pitfield, Milton Keynes, MK11 3LW, UK
UKHW020356180726
13839UKWH00003B/1136

9 782329 310015